我的第一本科学漫画书·探险百科系列

植物世界
历险记 ②

我的第一本科学漫画书·探险百科系列

植物世界历险记②

[韩]甜蜜工厂/文　　[韩]韩贤东/图　　魏凯琦/译

二十一世纪出版社集团
21st Century Publishing Group

　　植物是地球上分布最广的生物类群之一。从皑皑雪山到广袤雨林，从浩瀚海洋到苍茫沙漠，植物覆盖了地球上绝大多数地貌类型。植物也是地球上历史最悠久的生命形式之一。从34亿年前的蓝藻，到恐龙时代的蕨类王国，在原始人类进化之前，植物世界已经演绎了一幕又一幕的改朝换代。植物也是地球生命最重要的物质基础之一。几乎所有生物生存所需的物质和能量都来自植物的光合作用，几乎所有的生态系统都以植物为基础。植物也是人类最依赖的战略资源之一。从旧石器时代的采集果实，到现代农业的精耕细作，人类与植物关系的演变推动着人类文明的进步。

　　植物是良师，"已是悬崖百丈冰，犹有花枝俏"，它为了适应各种极端生境而不懈努力的精神千百年来不断激励着人奋发图强；植物是益友，"野火烧不尽，春风吹又生"，它在漫长进化历史中的生命积淀，自古就是帮助人类进行人格塑造的源泉；植物是宝藏，人类的衣食住行离不开植物，人类的医疗、娱乐离不开植物；植物是机遇，通过一次次对新植物的发掘与利用，例如水稻、小麦、大豆、土豆、玉米等，人类社会发生了波澜壮阔的巨变。

　　一本质量高而孩子喜欢的植物科普书，是让孩子走入植物世界的关键钥匙。《植物世界历险记》就是一个理想的选择。本书画面精美，故事情节巧妙，章节排列引人入胜，适时加入的讲解让这本书兼顾了知识性和娱乐性。在智伍等人历险的过程中，小读者们能够系统地学习植物知识，了解植物如何适应环境、如何利用有限资源生存发展。本书所列举的大多数植物，孩子们都可以在日常生活中接触到，因而能够做到印象深刻、学以致用。

　　"宁可食无肉，不可居无竹。"在当下竞争激烈、变化剧烈的社会，掌握植物知识、学习植物智慧、与植物为友，必将受益匪浅！

南昌大学流域生态学研究所　　兰志春博士

远在人类诞生之前，植物就已经存在于地球之上了。数亿年前，植物诞生于水中，随后它们在地球的各个角落繁衍生息，如今已遍布世界各地。在北极、南极、炎热的沙漠、深深的海洋、瀑布高悬的绝壁，甚至在坚硬的岩石上，植物都能适应环境，生根发芽。

　　为了适应各种各样的环境，应对变化多端的气候和各色捕食者，植物进化出了各种形态，拥有各式的"生存技能"。有些植物为了能在沙漠生存，叶子进化成针状；有的植物能捕捉昆虫；有用手一触碰就立马蜷缩起来的植物；有一旦遭到动物的袭击就能立马释放化学物质警告同类的植物。在我们的意识中，植物是看不到也听不见的，其实植物是一种即使没有眼睛也能看到、即使没有大脑也能记忆的令人惊叹的生物。

　　如此丰富多样的植物拥有一个共同点，那就是对于人类与生态系统而言，它们都是不可或缺的存在。植物出现后的五亿多年间，产生的氧气改变地球的气候，也为人类提供了必不可少的食物、建材、医药品等。如果没有植物，不仅是人类，其他的生物也都无法生存。不过，如果一次意想不到的实验导致植物生长成难以想象的庞然大物时，世界会变成怎样呢？植物会威胁到人类的生存吗？

　　智伍和小果历经千辛万苦终于从狸藻的牢笼中逃了出来！但好不容易获救的两个人仍未脱离险境。雨过之后，树木以更快的速度生长，甚至冲破了温室的顶棚，疯狂生长的树根甚至引发了地震。植物的威力越来越强，它们即将占领整个小岛！现在想要阻止这一切发生，只能靠博士研制的解毒剂了……智伍一行真的能够找到解毒剂的配方，让小岛重回往日风光吗？在交通与信息闭塞的小岛上，一场大冒险正在展开。

甜蜜工厂　韩贤东

目 录

出场人物

> 与其坐以待毙，
> 不如先下手为强！

智伍

对植物一无所知，对他来说，看到的植物都要入嘴尝尝。稍不留神就会酿成大祸，但是在面临危机时总能积极应对。当大家因为没有解毒剂原材料万念俱灰时，是智伍挺身而出让博士振作起来。虽然时常冒冒失失，但从不言放弃！

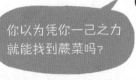

> 你以为凭你一己之力
> 就能找到蕨菜吗？

小果

从船上初次相遇开始，小果就与智伍结下了不解的"恶缘"，并一直延续到了岛上。从芝麻小事到至关生死的决定，两人时时处处都在较劲。但是这对欢喜冤家在危险来临之际，又能相互以命相救。小果容易心软，就算和智伍吵架，也总是第一个向智伍伸出援助之手。

我决不将实验室弃之不顾!

朴博识

研究培养液，将植物岛搞得一片狼藉的始作俑者就是朴博识博士！博士声称会对所有的事情负责，决定潜到海里寻找材料，但因为体力不支，在海水里连一分钟都坚持不了。对他来说最重要的事情只有研究！哪怕在生死关头，也无法割舍实验室。

嗯，怎么感觉很快又会下雨呢？

凯 恩

登上小岛之初，凯恩所有的不祥预感全部都应验了！一边要应对危险的植物，一边要给智伍收拾烂摊子，真是一刻也无法停歇。现在凯恩唯一的目标就是赶紧离开小岛。但就在这险象环生的时刻，凯恩还不忘亲手泡制预防流感的饮料，喂给同行的每个人喝。

第1章
冲破温室的植物

啊！
小·果！

小·果已经失去意识了。我必须赶快出去才能救她……

咣
咣

手指划不破！

如果有什么尖锐的东西就好了。

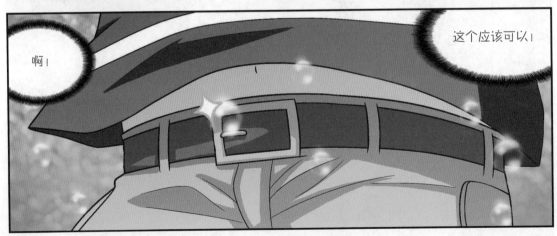

这个应该可以。

啊！

11

现在只要游到水面就好了……

我的腿要没力气了。

唔呃……

清醒了吗？

智伍啊！

我们现在在水面上吗？！

是的，准确地说我们现在在凤眼莲上。

凤眼莲，是不是那种飘在池塘上的植物？

凤眼莲是一种雨久花科植物，由于叶柄中充满空气，所以能够浮在水面上。

鱼类能够通过调节鱼鳔中空气的量来控制自身在水中的沉浮，凤眼莲的叶柄的功能跟鱼鳔相似。

鱼鳔

凤眼莲的剖面

我的鱼鳔和凤眼莲的叶柄都是储存空气的口袋哦。

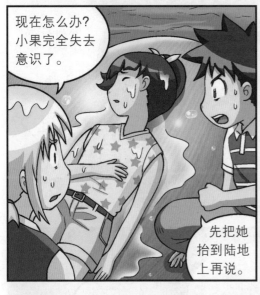

现在怎么办？小果完全失去意识了。

先把她抬到陆地上再说。

啊！

可以用这个！

咻咻

慢慢地

唔……

小果！醒醒啊！

叔叔？

感觉好点了吗？

小果！你终于醒了！

小果！

我还以为你醒不过来了……

真是万幸！但是如果狸藻都已经长大到能困住人的程度，那其他的植物应该……

不会吧……如果植物长到那么大的话，整个温室都会被挤爆的！

等一下！

你们没听见什么声音吗？

砰
砰
砰

砰　嘎吱
砰
砰

这是……

难道？

哐
哐
哐

呃啊！

屋顶的玻璃……

大家赶紧躲开！

世界各地的植物园

庐山植物园

© 刘亚琼

庐山植物园创建于 1934 年，是我国历史悠久的植物园之一。它位于江西省九江市庐山东南含鄱口山谷中，是一座亚热带山地植物园。植物园占地面积 5000 余亩，收集国内外植物标本 10 万余种，引种驯化植物 3400 多种。园区内不仅有中国特有的活化石——水杉，还种有美国的花旗松、日本罗汉柏和冷杉、北美香柏、欧洲落叶松及金钱松、苍山冷杉、丽江云杉、浙江铁杉、黄杉等国内外名贵树种。

庐山植物园

庐山植物园不仅是科研基地，还是风景胜地，这里按照植物自然群落和不同生态，分成 17 个专类园区，供游客鉴赏，此外还有花卉展、奇龟展等。园中有休息厅，林荫下设石凳石桌，供游人休憩。

英国皇家植物园

英国皇家植物园（又名邱园）曾经是英国皇家庭院，而今是一座有着 50000 余种植物的世界级园林，为植物学和生态学的发展做出了巨大的贡献，因此于 2003 年被联合国教科文组织列入世界文化遗产。如今这里已经汇聚了来自非洲、南北美洲、亚洲等世界各地的珍稀植物。其中最为著名的当属 2 亿年前在恐龙生活的中生代就已经生存繁衍的瓦勒迈松，以及因其恶臭气味被称为"尸臭花"的大王花。

©Kamira

©US Botanic Garden

英国皇家植物园的中央温室（左）和泰坦魔芋（右）

德国柏林大莱植物园

创立于 1897 年的德国柏林大莱植物园原是腓特烈·威廉一世的宫廷菜园和药草园，现在已经扩建成为拥有植物园、科学图书馆、研究所等多种功能的综合性园林。植物园面积约 43000 平方米，现存 22000 余种植物，分为植物地理园、温室、水生湿地生态园、植物分类园、药用植物园等。其中植物地理园里的 12 个岩石园最为著名。来自亚洲、欧洲、非洲等各个大陆的植物被种植在各种岩石旁边，顺着游览路线缓行，等于完成了一次别开生面的植物世界观赏之旅。

大莱植物园的仙人掌温室

加拿大布查特花园

位于加拿大温哥华岛的这座植物园原来是石灰岩采石场。1904 年，布查特夫人将这里建造成小庭院，并不断收集全世界的植物，如今布查特花园已经成为全世界首屈一指的著名植物园。植物园中唯一的烟囱，向世人证明这里曾经是采石场。玫瑰园、日本庭院、意大利庭院等主题庭院竞相争艳，为庆祝建园 60 周年特意建造的罗斯喷泉，其喷射的水柱最高可达 21 米，与植物园华美的景色相得益彰。

据说这是布查特的孙子伊恩·罗斯建造的。

布查特花园的罗斯喷泉

第 2 章
笼罩屋顶的
黑影

大家都用这
个挡住头。

寂静

晃晃
摇摇

现在是都结束了吗?

糟糕!剩下的玻璃也要全碎了!

不要管什么肥料了,赶紧逃命吧!

出口到底在哪里?

不知所措

不用走到门口,我们从那边出去就行!

天哪!刚才的那波冲击不会连墙都震碎了吧?!

你要去哪里?

我马上就出来。

左顾右盼

你找什么呢?

这个不就是肥料桶嘛!

可是现在没有装样品的容器啊。

哎呀!这有什么可担心的?

直接把这个桶搬出去不就行了!呃!

吐

搓拳擦掌

猛地

哎?你要干吗?!

赶快搬进屋子里！

我到底得搬着这东西跑到什么时候啊？

现在可以了吧？

暂时安全了。

哗
啦啦

滴答　滴

哗啦啦

这雨下得好大啊！

差点就淋成了落汤鸡。

转身

啊啊

都掉进池塘里了，不感冒才怪……

阿嚏

呼噜
吸吸

你是故意的吧！

不好意思！

啊！

啊
啊

又来了！

等一下……

不好，难道是流感病毒……

而且，现在我们的身体状况太容易被病毒入侵了！

大家现在马上上楼，换掉身上的衣服！

智伍、小果，你们赶紧洗个热水澡！一楼和二楼各有一个卫生间，你们分开用！

十分钟后，所有人到二楼实验室集合！

嗯？到底什么情况啊？

这是什么啊？

这么奇怪的颜色，真的能喝吗？

啊！

葱须、桔梗、生姜、人参还有橘皮？

完全正确！

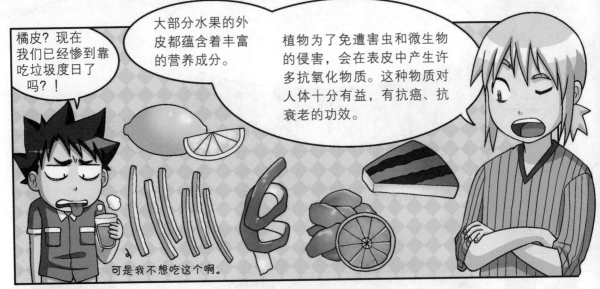

橘皮？现在我们已经惨到靠吃垃圾度日了吗？！

大部分水果的外皮都蕴含着丰富的营养成分。

植物为了免遭害虫和微生物的侵害，会在表皮中产生许多抗氧化物质。这种物质对人体十分有益，有抗癌、抗衰老的功效。

可是我不想吃这个啊。

凯恩的话没错！除此之外，生姜、葱须、人参等都是可以促进血液循环，提升免疫力的药用植物。

尤其是人参，在公元前，中国就一直视其为贵重药材。

古埃及的莎草纸上也留下了许多栽种药用植物的记录。

中国人很喜欢人参！

现代人都是吃药丸，谁会去熬药啊？

嗅嗅

这味道也太苦了吧！

现代人吃的药物的原料，很多都是从植物中提取的！

过去的人们有个头疼脑热的时候，常常将柳树皮剥下来熬汤喝，一个德国的制药公司从中得到了启示，从柳树皮中提取出了水杨苷成分。

以此制成的药物就是阿司匹林，至今已经销售了 100 多年。

柳树

柳树皮

啊！我发烧的时候也吃过那个药。

稍等一会哈，药很快就好了。

好痒啊！

如今，制药公司还在研究热带雨林原住民使用的药用植物，持续开发新药。

有研究显示，美国人最常用的 150 种药物中，约有 80% 都是从天然植物中提取原料的。

你们别聊天了，赶快喝掉！

别以为我不知道，你们就是不想喝才一直啰啰唆唆的！

喝就喝嘛！

呼，都喝光了。

我现在要休息一下，你们不要打扰我！

咔嚓

那我现在得分析一下培养液的成分了！

咣

这是什么呀？

这是化学成分分析仪！它能帮我们分析出培养液和液态肥混合之后发生的变化。

啊！

你们看那边！

用途广泛的植物

　　人类从史前时代开始就通过各种各样的方式开发植物的用途。如今植物仍被广泛应用于我们基本的衣食住行、疾病治疗及各类化妆品等人类生活中。

可以做衣服的植物

　　我们常穿的纯棉衣料是由棉花制成的。棉花的花朵凋谢后会留下棉铃，棉铃成熟后会炸开，里面的棉絮就会暴露出来，人们把棉絮纺成棉线，织成我们常用的棉织品。棉织品的织造历史由来已久，目前已知年代最久远的棉织品，是在公元前3000年左右制造的，发现于印度河流域的遗址中。另外，人类从苎麻和大麻的根茎中提取纤维制成苎麻布。人类还会利用红花、栀子、蓼蓝等植物浸染衣服，起到染色的作用。

夏天还是穿着苎麻面料的衣物最凉爽！

©Wikipedia

能制作苎麻布的苎麻

可以做家具的植物

　　人类建造房屋或者打造家具的时候，会将植物的茎作为材料。根据木材的颜色、纹理、强度和光泽的不同，人们将其分为不同的用途。木质坚硬、不易变形、不易腐烂的木材品质最佳。常用来制造家具的木材主要有红木、桦木、云杉等。

©yampi

红木制成的橱柜　红木的木质坚硬，纹理漂亮，是一种十分高级的木材。

可以吃的植物

　　人类从很久以前就开始栽培水稻、大麦、小麦等谷物作为主食，还会种植土豆、地瓜、西瓜、梨等蔬果。此外，咖啡、可可、茶等作为饮料的作物也很受欢迎，而桂皮、胡椒、肉豆蔻、罗勒、迷迭香和香菜等植物能增添食物的色、香、味，刺激人们的食欲，增加饮食的风味。我们如今食用的植物大部分是由野生植物改良而来的，如今人们仍然在不断地研究，种植出更多美味、营养、多产的植物品种。

©Krzysztof Slusarczyk

桂皮、胡椒、丁香、小豆蔻等各式各样的香辛料

香辛料过去曾经比宝石还要昂贵，很多探险家都是为了寻找香辛料，才开启远航之旅。

可以净化污染的植物

　　道路两旁的行道树能够吸收汽车尾气中的二氧化硫等污染物质。特别是臭椿树和银杏树有着出色的净化空气的功效，还有常见的棕榈树也有良好的吸附灰尘的作用。菊花能够除掉空气中的氨气；浮萍和凤眼莲能够去除水中的污染物质，达到净化水质的效果。

可以治疗疾病的植物

　　有许多植物自古以来就被当作药用植物，例如人参、党参的根、金银花、决明子等。

第 3 章
葎草的攻击

！

嗒嗒嗒

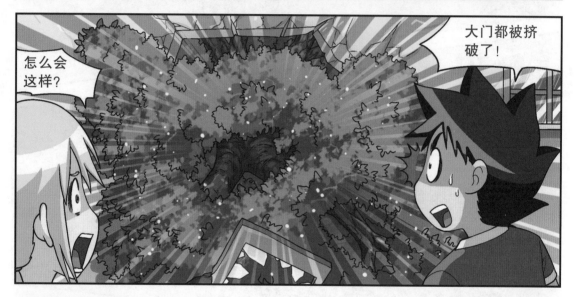

怎么会这样？

大门都被挤破了！

这棵榉树还不到一岁呢……

榉树本来生长速度就快！梧桐树和柳树也是一样！

是的，大概是树干长得太快了，根部无法支撑才倒下来的。

那么，这棵树应该没有年轮吧！

说什么呢？哪有没有年轮的树？

年轮是由于季节变换导致形成层细胞分裂速度不同而产生的！每满一年产生一圈，所以这棵树很有可能没有年轮。

形成层是什么啊？

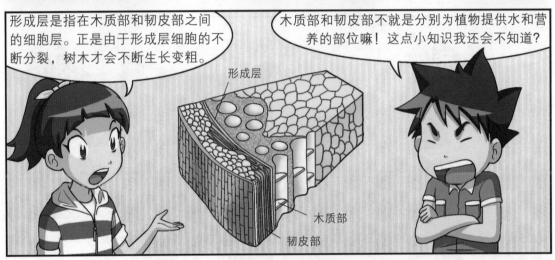

形成层是指在木质部和韧皮部之间的细胞层。正是由于形成层细胞的不断分裂，树木才会不断生长变粗。

木质部和韧皮部不就是分别为植物提供水和营养的部位嘛！这点小知识我还会不知道？

形成层

木质部

韧皮部

是的，形成层细胞在木质部和韧皮部中间不停地分裂，产生年轮。

天气温暖时，细胞分裂旺盛，树木生长得很快；天气寒冷时，细胞分裂减缓，树木生长较缓慢。所以在春天和夏天生长的部分颜色比较浅、比较宽，而秋冬季生长的部分就会比较深、比较窄。两者之间形成的一圈圈环纹，就是年轮。

春夏时颜色浅且宽。

晚冬时颜色较深且窄。

这样说来，热带地区的树木都没有年轮咯？

因为一年到头都是夏天啊！这棵树也是因为一夜间长大，没有经历季节的变化，所以不会形成年轮！

哦！

少废话，有精力嘚瑟，还不赶紧清理！

好！先把它从门口推出去！

等一下！如果这棵树的树根和温室相连就糟糕了！

随便推的话，其他树木有可能一起倒掉！

啊！

由于草木都在疯狂生长，温室那边已经完全变成一片森林了！说不定之后会发生更可怕的事情。

现在只是开始！

现在看来，这棵树不只是形成层，就连生长点的细胞分裂也十分活跃！

生长点？那又是什么？

如果说让树干变粗的是形成层的话，那么让植物变得更高的就是生长点了。

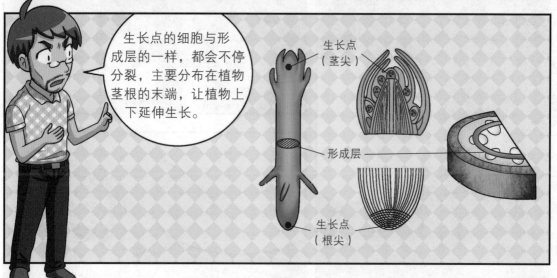

生长点的细胞与形成层的一样，都会不停分裂，主要分布在植物茎根的末端，让植物上下延伸生长。

生长点（茎尖）

形成层

生长点（根尖）

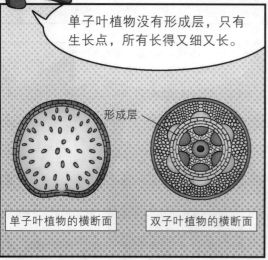

单子叶植物没有形成层，只有生长点，所有长得又细又长。

形成层

单子叶植物的横断面

双子叶植物的横断面

竹子是单子叶植物，没有形成层。因此竹子长到一定程度，就不会变粗，只会长高。

那温室里的植物到底可以长到多大啊？

说不定会长得比巨杉树还大……
比世界上最大的树还大吗？
巨杉树是世界上最大的树，最大的能有30层楼那么高。
如果刚才倒下的树有30层楼高的话，会把这栋房子砸成两半吧？
咣
等一下！
好像温室里的植物比刚才长得更大了……
我刚才就说了，
如果照这个速度生长，也许明天早上就到达这个高度了！
而且现在我们也没法离开小岛。怎么办啊？
……
一开始就不应该来这个奇奇怪怪的小岛！

我们再想一下办法。

哔哔 哔哔

啊！成分分析结束了！

嗒嗒 嗒

沙沙 沙沙

果然是肥料中的成分与培养液之间产生了化学反应。

想不到我的杰作培养液居然引发了现在的状况！

不过有一点我还是想不通。

什么意思？

歪头

比起刚喷洒培养液的时候，现在植物的生长速度反而更快了，这不是很奇怪吗？

对！

的确很奇怪。

思考

不久前一定发生了什么！

在温室玻璃破碎之后，有什么事情让植物加快了生长？

到底是什么？！

没错，就是它！

攥紧

水，是水！我刚才怎么没想到呢？！

水？这是什么意思？

水，让植物生长的速度变快了！

植物生长的三要素是二氧化碳、水和阳光。温室的玻璃破碎之后，雨水流进温室，加快了植物的生长。

好！知道了植物加速生长的秘密，现在来制造解毒剂吧！

那就是说，我们用解毒剂可以抑制植物的生长吗？

真可以吗？

叔叔，你一定可以的！

既然能研制出让植物加快生长的培养液，只要反其道而行就可以了！

53

稍等，我先找几样东西。

翻來翻去

我先去仓库，把其余的材料拿来……

啪 嗒嗒嗒

嗒嗒嗒

哎哟！

那是什么？

砰

一定要挡住，不要让植物钻进来！

好像是葎草。

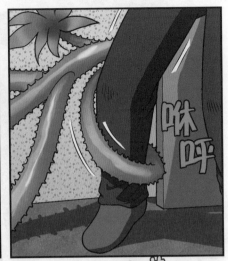

啉呼

别碰！不小心就会被刺到！

停住

紧紧

嗒嗒嗒

那么……

啊！

啪

这个我来！

快看那边！

藤蔓应该是沿着倒塌的树爬上来的！

沙沙沙

蜿蜒而上

蜿蜒

蜿蜒

怎么会爬得这么快呢？

藤蔓植物的茎又细又软，只要有可以依附的其他植物或墙壁，它们就会迅速蔓延生长。

葎草和刺果瓜就属于这类。

我的生长速度非常快！

刺果瓜

现在门外面长满了葎草，我们要怎么去仓库拿材料呢？

对啊，真让人头痛！

嗯？

喂！你别抖！肯定有办法的！

你说什么呢？我哪有抖啊？

凯恩你也在抖啊！你很冷吗？

冷？你说什么呢？

等一下！不是我们在抖……

轰隆隆隆

感觉是从地底传来的震动！

隆

隆

隆

隆

啊……

植物的支柱——茎

茎的结构

茎是连接叶子与根部的器官，外部覆盖着一层粗糙或光滑的表皮，内部则是维管束结构，由木质部和韧皮部组成。

表皮 茎部最外侧的细胞层，保护植物免受昆虫和微生物的侵害。

皮层 位于表皮和维管束组织之间的细胞层。

木质部 将水分从根部运输到茎和叶片。

形成层 存在于双子叶植物的维管束中，可以进行细胞分裂，使茎越长越粗。

韧皮部 将光合作用产生的养分运输到植物的其他部位。

茎的作用

茎是植物体的中间部分，它最基本的作用就是像植物根和叶之间的柱子一样，支撑植物。同时，它能够将水分和养分从根部传送到叶片，保证植物正常生长。从植物根部吸收上来的水分和无机物通过茎运输到叶，用于光合作用，而植物通过光合作用产生的营养物质再次通过茎运送到根及其他部位。另外，茎部还可以储存多余的水分和养分。尤其是仙人掌等沙漠植物的茎中储存了大量的水分，而土豆则在地下的块茎中储存了大量淀粉。

> 虽然土豆和地瓜看起来很像，但是土豆将养分储存在块茎中，而地瓜将养分储存在根部长成的块根中。

茎的种类

　　大部分茎都是朝着太阳的方向，向上挺直生长。但是也有一些植物的茎会缠绕着其他物体生长，或者在地上匍匐生长。

凤仙花

直立茎 大部分的植物都是挺直向上生长。

土豆

块茎 土豆和洋葱等植物会将一些茎深深插入地下，并在其中储存养分。

草莓

匍匐茎 草莓、西瓜、地瓜等植物的茎会在地上匍匐生长，并在节上生根。

牵牛花

攀缘茎 牵牛花、葛藤等植物会缠绕着其他物体生长。

茎是怎样将水分向上运输的？

　　植物的叶会发生蒸腾作用，蒸发水分，而根可以从土壤中吸收水分。蒸腾作用发生时，水分可以逆着重力方向，沿着茎部向上运输。木质部的水分子之间存在着相互拉扯的内聚力，使得水分源源不断地向上输送。

再见啦！

水分又蒸发了！我们要团结起来，奋力向上游啊！嘿哟，嘿哟！

第4章
都是树根惹的祸

地面在摇晃!

到底是怎么回事啊?

难道是地震?

怎么会发生地震？简直是胡说八道！

那地面怎么会晃动啊？

这种时候再发生地震的话……

也太倒霉了吧！

应该不会吧，这也太……

摇晃摇晃

唔

咣

哗啦

咕噜咕噜

啊！

这是硫酸……

这是什么？

什么？硫酸不就是能融化金属的强酸溶液吗！

这个实验室里还有什么奇怪的东西？

难道那些全都是危险品？！

赶快带上应急物品！

博士请把制造解毒液的材料带好！

哆哆嗦嗦

迅速

迅速

都好了吗？我们走吧！

咔

那边不能走！

外面全是荆棘！

对哦！差点忘了！

那我们应该从哪儿出去？

那边！那边是唯一的出路！

可是好高啊！

如果从这里跳下去的话，腿会摔断吧！

哗啦啦

博士，这里有绳子吗？

摇头摇头

没有呀……

这样的话，我们得找找看有什么东西能代替绳子……

……

太好了，这个应该可以！

不行！如果电线的外皮脱落触电的话怎么办？

没有接电的情况下没事的。

用手直接抓着电线的话会太滑，得找点布把它包起来。

嗯……

我们也去帮忙吧！快点！

好的！

领带应该也可以吧？

电线的接头也要用布严严实实地包起来。

好了！该准备的都准备好了。

我扔下去看看够不够长！

没问题！快碰到地面了！

太好了！

还没结束！

呃…… 得有地方拴绳子啊。

嗒嗒嗒

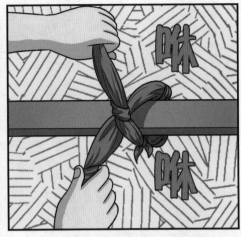

这样绕两圈然后紧紧地拴在桌梁上……

这是八字结吧！我以前也见过！

赶快下去吧！凯恩哥你先来！

我先吗？

怎么能一次下来两个人？如果绳子断了的话怎么办啊？！

没时间了！

叔叔赶快下来啊！

知道了！

你们一定要好好的……我先走了，别怪我。

什么？这也太高了！

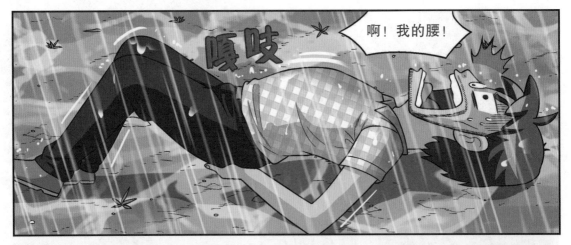

嘎吱

啊！我的腰！

滚来滚去

哎哟，疼死了！

……

轰隆隆隆

叔叔，快起来！

我们得尽量远离这所房子！

我的尾骨好疼啊！好像撞到了什么尖东西上。

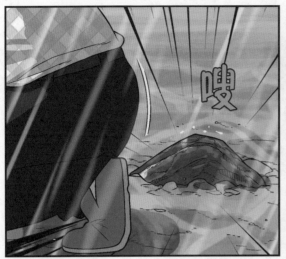

这是什么啊……

什么啊?

这……好像是树根?

树根?

咦,这里也有?

那里也有?

咦?

在各类环境中生存的植物

　　大部分的植物只要在一个地方生根，就不能再移动位置，因此它们要想办法适应栖息地的环境，才能够存活。不管在水贵如油的沙漠还是在冷风刺骨的北极，植物为了生存都进化出了各种各样的形态和繁殖方式，以适应当地的气候和环境。

极地植物

　　即使是气温低至 −60℃ 的寒冷极地，每年也会有 6~8 周的夏天。夏天来临，地表冰雪融化，在土壤中等待夏天的植物纷纷发芽。相较于热带植物而言，极地植物的新陈代谢速度较慢，大多数植物每隔 3~4 年才能开一次花，为了躲避寒风，它们大多长得比较矮小，成丛成簇地生长。

©Incredible Arctic

北极罂粟 为了能够最大限度地接受阳光，花朵能够随着太阳 360 度旋转。

沙漠植物

　　沙漠的温差很大，白天酷热，夜晚寒冷。因为沙漠地区雨量稀少，所以土地干旱，地表只有碎石和沙子。植物为了在恶劣环境下存活，必须将根深深扎入地底来吸取土壤深处的地下水。仙人掌根部向四周广泛分布并进化出了针形叶，防止水分蒸发。

©Olga_Anourina

生石花 体内储存着大量的水分，颜色与沙砾相似，不易被动物发现。

热带雨林植物

在终年炎热潮湿的热带地区，日照强烈且雨水充足，所以这里的树木高耸入云，叶子和果实也都很大，藤蔓植物相互交缠，形成密不透风的密林。在这种密林中，光线难以穿透到密林内部，由于光照不足，有些植物无法充分地进行光合作用，演化成了依靠其他树木生存的寄生植物。

海边植物

在海边也生长着很多植物，其中最具代表性的就是滩涂植物盐角草、七面草等，它们能够吸收海水，并将盐分从茎部表面排出。在沙滩或沙丘上生长的马鞍藤等植物为了抵抗海风，会将茎向旁边延伸，就像在地面上匍匐着一样。

©Ekaterina Pokrovsky

盐角草 盐角草含有丰富的矿物质，可食用。

高山植物

海拔越高，气温越低，风力也越强。因此生长在高山上的植物体形较小，贴着地面生长以避强风，并将根深深地扎入岩石或绝壁。

生长在阿尔卑斯山上的雪绒花，其花瓣上长有细密的绒毛，能够抵御严寒。

©Porojnicu Stelian

雪绒花

雪绒花上积了一层雪哎！帮它抖掉吧！

那不是雪，是厚厚的绒毛！

第 5 章
解毒剂配方

叔叔，这应该是根吧？

嗯，确实是树根没错。

太不可思议了！

植物的树根有很强的力量。

例如柬埔寨的塔布隆寺里生长着一种大树，它的树根一直延伸到墙上，因此寺庙的石墙也慢慢地被它的树根破坏掉了。

刚刚倒下的那棵树应该是树根被什么东西挡住，无法继续生长，导致树根无法支撑树身才倒下的吧？

什么？那样的话其他的树是不是也会倒啊？

轰隆隆隆

不妙！我们快躲开！

这也摇晃得太厉害了吧？

从植物生长的速度来看，树根应该又长了很多。

温室要变成亚马孙雨林了……

还真是……

看来我们离开树林生长范围了，现在地震停止了。

是啊，雨也停了。

可是我们到底要走到哪去啊？

已经走这么远了吗……

先休息一会儿再走吧。

摊倒

拿

来，润润喉咙。

都跑了这么远了，应该安全了吧？

难说，如果植物继续生长，整座小岛都会沦陷。

赶紧离开这座恐怖的小岛。

但是，我们现在又没有电话，也没有船。

对啊，解毒剂又该怎么办……

怎么办？！

您可得说清楚！刚才不是说能造出来吗？

学长，难道我们造不出解毒剂吗？

其实……我没把原材料带出来。

什么？

嗯？这是蒲公英哎。

好久不见这么可爱的植物了，很让人欣慰呢！

可爱？

你知道蒲公英的根最长可达1米吗？

真的吗？

又开始说根了？

拜托，请不要在我面前提到"根"这个字！

不是说根的大小只要能够支撑植物就可以了吗？

蒲公英这么小，为什么根那么长啊？

89

根据形状不同，根可分为不同的种类。有些植物的根像蒲公英一样由主根和侧根构成，也有些植物的根像狗尾草一样是须状的。

主根
侧根
须根

蒲公英
狗尾草

植物的根的形态各不相同，但作用大致相同。就像刚才说的，根能够支撑植物，也能从土壤中吸收水分和养分。

韧皮部
利用浓度差，从土壤中吸收水和养分。
水和养分
根毛
木质部

但是贫瘠或干燥的土壤中的水分严重不足，根只有长得长长的，才能尽量多地吸收水分和养分。

尤其是蒲公英这种多年生草本植物，还要撑过冬天……

所以根才会深深地扎入地下！想要度过严寒的冬天，就要吸收尽量多的水分和养分才行。

我要全力以赴使劲吸！

没错！与根相反，他们的茎都会尽量长得小小的，以减少营养的消耗，叶子也像坐垫一样平铺在地面，便于接受阳光。

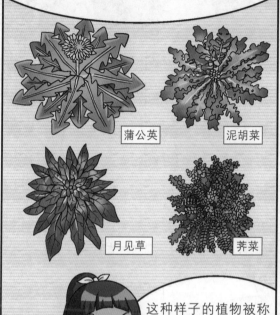

蒲公英　泥胡菜

月见草　荠菜

这种样子的植物被称作莲座植物，除了蒲公英之外，荠菜、月见草都属于这类。

冬芽

其他植物也有过冬妙招，比如到了冬天掉光叶子，或是长出多层外皮或绒毛包覆冬芽，等到春天来临再冒出新芽。

什么？

有了！

我找到调配解毒剂的办法了！

什么办法？

真的吗，学长？

俀地

时间紧迫，我们分两组行动吧。

好，一个人行动太危险了。

那我朝着山的方向走。

我以前去过几次。

立马

那我往海边走吧！

小果，凯恩和智伍两个人中，你带谁一起去？

他们两个二选一吗？

僵硬

植物的牢固底座——根

根的结构

不同于美丽的花朵、新鲜的叶子、直挺的茎部，藏在土中的根部虽然不引人注目，却在植物的最下端，忠实地履行着各种职责。根能够支撑植物的身体，还能通过根毛吸收水和无机物，然后利用茎部将其输送到其他部位。

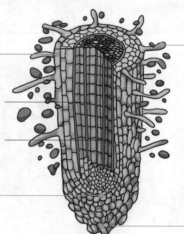

表皮 位于最外层，部分表皮细胞变形生长后还会形成根毛。

木质部

韧皮部

生长点 会不断分裂产生新细胞，让植物长大。

根毛 增加根部表面积，吸收水分和养料。

根冠 外形像帽子一样，盖在根的尖端。它不仅能保护生长点，还能帮助植物冲破坚硬的土壤。

直根和须根

根据外形的不同，植物的根可以分为直根和须根。直根的中间有一根较粗的主根长长地向下延伸，主根的旁边有一些小小的侧根。与之相反，须根没有主根和侧根之分，而是由数条粗细相近的根组成。直根大部分是双子叶植物，须根大部分是单子叶植物，所以只看根的形状，就能大致判断植物的子叶数。

©Richard Griffin

直根的蒲公英

©Monchai Tudsamalee

须根的洋葱

多种多样的根

　　并不是所有的根都长在土里，有的根生长在地面上，有的根生长在水中。

气根 气根暴露在空气中，能够呼吸，还能支撑植物。

红树林

水生根 凤眼莲、浮萍等植物的根生长在水里，能够吸收水中的养分。

凤眼莲

胡萝卜

贮藏根 胡萝卜、萝卜和地瓜等植物都将养分储存在根中，由此根部会特别粗大。

胡萝卜将糖分储藏在根的外侧，所以外侧有甜味，而内部主要是运输水分和养分的通道，因此没什么甜味。

 有根部向上生长的植物吗?

　　猴面包树主要生长在非洲，它的树枝短小并向空中延伸，长得像树根一样。在非洲传说中，因为天神不小心将猴面包树种反了，所以呈现出这个模样。事实上，猴面包树长成现在的样子，是因为在非洲干燥的环境中，为了减少叶片水分的蒸发，树枝进化得十分细小，并会在旱季时掉光树叶造成的。

虽然长得像树根，但我是树枝呢！

猴面包树

第 6 章
颠茄不能吃

啊！好凉爽啊！树林好茂盛！

这些树都是博士种的吗？

不是，这里是原始森林。

也就是没有遭到人为破坏的树林。

哇，是覆盆子哎！

刚好有点饿了，太好了！

还真是贪吃……现在不是吃东西的时候！

哎呀！你好烦啊！边走边吃不就行了！

住口！那是……

哎呀！

左顾
右盼

有没有感觉现在比刚刚凉快了一些？

对啊，海拔越高，气温越低啊！

好像有一股香气。

这里树木多，所以散发出芬多精的味道。

对了！那所谓的"森林浴"就是上山去吸取芬多精！

没错！芬多精是植物含有的一种化学成分，具有抗菌、净化空气的效果。

但是！

咻

正是这种物质造就了树林清香的味道。它除了能安神，还有杀菌作用，对支气管也很有好处。

其实芬多精是植物为了防止害虫和微生物的侵入，而产生的一种防御性物质。

它的英文"phytoncide"就是由表示植物的"phyton"和表示杀虫剂的"cide"构成的。

分泌植物杀菌素！

无法突破防御！

什么？那芬多精不就会对人体造成伤害了吗？

早说啊！我以为它好，还一个劲地闻呢！

它对人体是很有益的，你可以尽管吸。

我只是以防万一问一下……

你知道我们在找什么吧？

当然了！蕨菜嘛！

你知道蕨菜长什么样吗？

当然了！是一种长长的褐色植物。我经常吃的。

在拌饭或者辣牛肉汤里经常有的。

好想吃拌饭，还有辣牛肉汤……

我就知道！你说的那种蕨菜是在阳光下晒干，然后煮过才变成褐色的！

真的吗？

你好好看着！

我画图给你讲！

嗯，画得挺好的嘛！

蕨菜幼苗和成熟的蕨菜叶子是不一样的！蕨菜幼苗的叶子卷曲，呈圆形。

成熟后，叶子就会舒展开，就像这样……

哦！

蕨菜长大成熟后，叶片的背面会长出圆状的孢子囊。

孢子囊里有孢子，孢子很小，透过显微镜才能观察得到。

孢子囊

蕨菜叶片上的孢子囊在成熟之后就会裂开，让孢子散播到空气中。当孢子落在有适当温度、湿度的地方，就会萌发长成小爱心状，

就是所谓的原叶体。原叶体可以产生精子和卵子，精卵结合之后就会长出小蕨菜了。

孢子?

孢子 孢子发芽 原叶体 卵子 精子

蕨菜的一生

所以说蕨菜不是靠花来繁殖的?

是的，蕨菜不开花，而是靠孢子繁殖。

OK！我明白了！我们赶紧去找吧!

你真的都明白了吗?

那是当然!

忽地

还不赶快跟上!

总觉得有点不安。

大步流星

哦！这里有蕨菜！

那不是蕨菜，那是紫萁！

左看看 右瞧瞧

小心！那可是濒危物种扇脉杓兰！

呃！

这种植物非常敏感，就算整体移栽到别处，也会马上死掉。

小心小心

知道了，我从这儿走行了吧！

嘁

你要去哪？那可是漆树！危险！！

碎

能不能别
啰唆！

忽地

你说什么？

不就是油漆吗？
有什么大惊小
怪的？

漆树会分泌苯酚化合物，有些人
只要触碰到就会严重过敏！

那又怎样，能有
多严重啊？

漆树的漆酚类成分是一种挥发性
物质，就算只是靠近漆树，都有
可能产生瘙痒或者荨麻疹症状。

严重的话，会造成
气管肿胀，导致呼
吸困难。

知道了，别说了！

小心
翼翼

我还以为只有变大的植物才有危险呢……

你真的对植物一无所知啊！

早知道就选凯恩哥了。

自言自语

因为我现在又饿又累才会这样，从早上开始就多灾多难的。

别抱怨了！要不是你，也不会有这种事情发生！

你是说这都是我的错吗？

当然了！要是你当初不碰培养液，就不会发生这些事，不是吗？！

还不都是因为你追过来，非要把培养液抢走，我才会不小心把培养液掉进桶里！

我本来只想要滴一滴试试来着！

这我怎么知道？你别找理由了！

就知道叽叽喳喳地啰唆，找我麻烦……

早知道就不选你了，只会碍事！

哼

大步流星

咦？

这不就是蕨菜吗？

啊！还是不问她了，要不肯定又要被她看不起了！

嗯……让我来看看。

嗖

盯

没错！肯定是蕨菜！

小果，我找到蕨菜了！

猛地

安静

嗯？

小果…… 小果!

跑哪里去了?

啊!

呃啊啊啊!

容易混淆的植物

有些植物看起来很像，但却完全不同。尤其是当一种植物可食用，而另一种植物有毒性的时候，我们一定要准确地进行区分。

莲花和睡莲

莲花和睡莲都生长在阳光充足的池塘或者湖面上，它们外形相似，都是花朵硕大且叶子呈圆形。但仔细观察的话，莲花叶子的边缘光滑，而睡莲的叶子比莲叶小，并且叶子上有明显的裂缝。不仅如此，莲花的花和叶都高高地长出水面，而睡莲的花和叶子都是贴着水面生长的。

莲花

睡莲

山姜和茱萸

山姜和茱萸都会在早春时开出零星的黄色小花。两种植物开花的时节和色彩非常相似，所以很难分辨。但是如果仔细观察，你会发现，山姜的花紧贴着树枝，圆圆地长在一起，而茱萸的花则是长在离树枝1~2厘米的花枝上。不仅如此，山姜的树枝表面光滑，而茱萸的树枝表面则凹凸不平。

山姜

茱萸

迎红杜鹃和大字杜鹃

迎红杜鹃和大字杜鹃都会在早春时绽放出红色的花朵，而且花朵的颜色和外形都很相近。但是，迎红杜鹃在4月初就会开花，之后会长出嫩芽。而大字杜鹃则是在5月份同时长出花和叶子。所以在早春时节看到开满红花但没有叶片的植物时，可以立马判断那是迎红杜鹃，而非大字杜鹃。不仅如此，迎红杜鹃的叶片末端较尖，大字杜鹃的叶片末端较圆；迎红杜鹃的叶片背面没有绒毛，大字杜鹃的叶片背面长满了绒毛。

迎红杜鹃

色木槭和刺楸

色木槭和刺楸

不可以吃！这是大字杜鹃！迎红杜鹃的花瓣可以食用，但是大字杜鹃的花瓣有毒！

大字杜鹃

都是可以长到20米的高大乔木。二者的树叶都像张开的手掌一样，到了秋天都会变黄。这两种树木的不同点在于，色木槭的叶子大约有10厘米长，而刺楸叶子的长度可达到30厘米以上；色木槭的叶片多是5个裂口，刺楸的树叶有5~9个裂口。此外，色木槭的树液还是治疗神经痛和关节炎的良药。

色木槭

刺楸

第 7 章
神奇的药草

呃！

呃啊！

唔……

天哪……
差点就摔死了！

呃！
我的腿！

刺痛

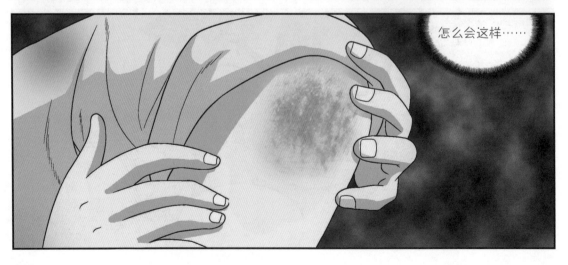

怎么会这样……

停住

那家伙从来都没来过这座山，会不会……
咻

转
哼！他自己看着办呗！

停住

不行，如果他迷路的话……
转身
哎，这次就忍了！

嗒嗒嗒

咦？

这不就是蕨菜吗？

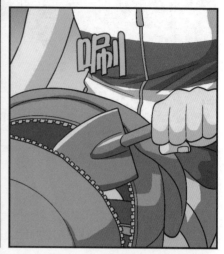

还真多啊！这些应该够做十瓶解毒剂了吧！

天哪？！

哎哟……

没事吧？伤得很重吗？

等一下！

你又要去哪儿啊？！

真是的！怎么还不回来？

哧啦

呼

呼呼

给！

呼啦啦

啊，吓我一跳！

立马

稍等一会儿。

你在玩过家家吗?

惊

咣

咣

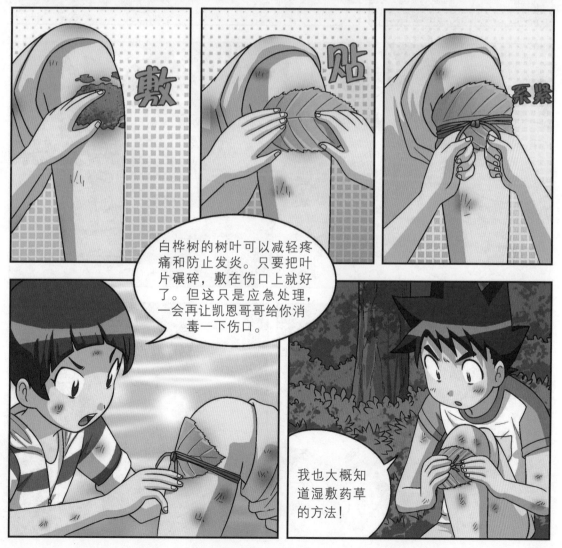

敷

贴

系紧

白桦树的树叶可以减轻疼痛和防止发炎。只要把叶片碾碎,敷在伤口上就好了。但这只是应急处理,一会再让凯恩哥哥给你消毒一下伤口。

我也大概知道湿敷药草的方法!

嘟囔

就为了找这个才走那么久的吗？

你这里怎么了？

嗯？

唰

啊，刚才爬树的时候不小心被刮到了。

哎呀！

唰

都是为了我……

没什么！

你等一下。

吧
吧
吧

我可不想
欠你的。

轻
轻

嗯，伤口没那
么痛了。这个
药草的效果还
不错嘛！

那我们现在
下山吧？

再走一下就
到了。

你在干什么？你到底要在这站多久啊？

我需要时间做好心理准备……

上火

哗啦

潜水服又是什么时候带上的……

如果你不敢自己下水的话，我跟你一起！

这里只有一套潜水服，而且……

是我制造的培养液，所以解毒剂也得靠我才行！

嗨

嗨

那就快点下去啊！

水……水很凉的！

真是郁闷死我了！

你不怕被孩子们看笑话吗？

知道了。我下水就是了。

嗖

啊，好凉！

30, 31, 32……

扑通

呃

浑身发抖

啊

噗噗

啊

噗噗

怎么连一分钟都坚持不了？

我的体力本来就比较差嘛……

那就拜托了！

你得告诉我到底下去找什么吧！

海里有三种颜色的藻类。

藻类？指的是海藻吗？

没错，海藻根据颜色的不同可以分为绿藻类、褐藻类和红藻类。松藻是典型的绿藻。

褐藻类是一种褐色藻类，包括鹿尾菜、裙带菜、海带等。红藻则是一种红色的藻类，最典型的红藻就是石花菜和紫菜了。

松藻

海带

紫菜

而这其中，我需要的是……

海带！

啊？海带?!

海带属于褐藻类，按照三种藻类所在位置的由浅到深，分别是绿藻类、褐藻类和红藻类，所以你要潜深一点才行。

没错，你知道海带长什么样子吧？它的身体在水中摇摆，牢牢吸附在石头上。

你去哪？

呼

转身

干海带也可以吧？

可以啊！可是海里怎么会有干海带啊？

？

翻来翻去

你们……

不会是打架了吧？

怎么搞成这样了？

你觉得我会和小孩打架吗？

找蕨菜时不小心受了伤。不过已经做了紧急处理，不用担心！

处理得很仔细呢！那材料呢？

当然找到了！

叔叔呢？

太好了，那现在材料都凑齐了吧？

嗯！

你干吗说谎？

脚都没沾水，实在是太丢人了！

我们所有的辛苦都没白费！

你们的确辛苦了……

植物的历史

植物的诞生

地球诞生之初，大气中充斥着有毒气体和强烈的紫外线。所以，地球上最早的生命体，就出现在受有毒气体和紫外线影响相对较小的海洋中。约10亿年前，单细胞生物进化成绿藻、红藻、褐藻等藻类，

蕨类植物的化石

并不断繁殖，它们通过活跃的光合作用增加大气中的氧气，臭氧层也逐渐变厚，阻挡了强烈的紫外线。一种名为库克逊蕨的蕨类植物离开大海登上了陆地。而库克逊蕨就成了第一种离开水的陆生植物。此后，蕨菜等蕨类植物长满了陆地的各个角落。

裸子植物和被子植物

在古生代晚期，铁树和银杏树这类种子外露的裸子植物开始在地球上出现。和蕨类植物需要风或者水来传播孢子不同，裸子植物通过种子繁殖后代，占据更广阔的领土。到了中生代末期，地球上开始出现被子植物。被子植物的种子被包裹在子房里，能够从胚乳中获取养分，还能免受外界伤害，所以比裸子植物更能适应恶劣的环境，传播的范围也更广。植物在地球的各个角落繁衍，给动物们提供丰富的食物来源。此外，植物的根力量强大，可以帮助岩石风化，让土壤更加肥沃。在这样的良性循环过程中，生态系统渐渐地建立起来。

银杏树 银杏树从古生代一直生存到现今，被称为活化石。

现代植物

随着地球环境的不断变化，植物也跟着诞生和灭绝。工业革命之后，城市化和工业化快速发展，生态系统开始面临巨大的危机。根据英国皇家植物园、伦敦自然史博物馆和世界自然保护联盟的共同调查显示，目前地球上20%的现存植物物种都面临着灭绝的危险。而导致植物灭绝的原因之一就是大气污染。汽车尾气和工业废气排放到空气里，与雨水混

因为开垦农田而慢慢消失的亚马孙丛林

合，形成酸雨落到地面，致使地面土壤酸化，酸化的土壤会抑制植物生长，导致植物灭绝。此外，为了获取更多的农田和草场，人们对森林进行的过度开垦，也是造成植物灭绝的一大原因。亚马孙森林被誉为"地球之肺"，为地球提供了25%的氧气，但是由于人类的过度开垦，每个月都有数万个足球场大小的森林从地球上消失。如今环境的变化和人为砍伐给植物带来了巨大的危机。

环境状况监测器——指示植物

对特定环境条件较为敏感的植物被称为指示植物。这种植物如果遇到污染物就会产生显著变化，例如长出斑点，严重者甚至会死亡，因此可以将其作为判断环境污染程度的重要依据之一。能够反映大气污染情况的植物有鼠尾草、牵牛花、矮牵牛、剑兰等。鼠尾草遇到二氧化硫和臭氧能够产生显著变化，牵牛花遇到酸雨也能产生较明显的反应。

只要淋了酸雨，就会产生斑点。

牵牛花

第 8 章
重回温室

猛地

滴
滴

哎呀!

摇晃

摇晃

咻

哈哈！没事！你知道吗？早在4亿年前，蕨菜就已经在地球上出现了。

4亿年前？

地球有46亿年的历史。在地球诞生之初，大气中充满了有毒气体和紫外线。但是，约6亿年前，原始海洋中出现了绿藻和褐藻，它们不断地进行光合作用，提高空气中氧气的浓度，减少了紫外线的直射。

当陆地慢慢变得适合植物生长之后，植物才开始登上陆地。此后随着食物的丰富和氧气的增加，动物界也越来越多样化。总而言之，植物的历史就是动物和地球生命的历史。

哎哟，真是的！您一直这么啰唆，什么时候才能都捣碎啊？

给我吧！

这样放在嘴里嚼，才快呢……

啊！

你们干吗大惊小怪？

生蕨菜有毒！一定要烫过才能吃！

我刚才不是跟你说过，不要随便吃东西吗？

不是，我没想吃下去……

你能不能听话！

把吃下去的全给我吐出来！

你这孩子到底怎么回事？不闯祸不舒服是吧？！

我也不能 100% 保证成功，因为现在没有实验用具，所以只能直接从植物中提取……

虽然有点疑惑……

疑惑？

我已经尽最大努力了！

没时间了！

赶紧去温室吧！

嗒 嗒 嗒 嗒

但是现在好像已经不晃了。

还是不能掉以轻心！如果再下雨的话……

植物有可能继续长大，根继续延伸的话，又会引起地震……

唉

自言自语

如果那些疯狂的植物全都扑到我身上的话……

哥，现在没时间了！要想把解毒剂洒遍整个温室的话，就必须先找到肥料桶！

看你怕成这样，需要我牵着你吗？

知道了！我们进去吧！

嗯

啪

！

抬头

呃！

咻

呃 呃

快，快躲开！

唰 唰

什……什么？！

快躲开！那片叶子要往我这儿来了！！

大家都镇定！

这是含羞草！

含羞草被碰到，叶子就会收缩并往下伸。

智伍啊！

嗯？

咚

凤仙花!

大家低头!

哇啊!

呃啊!

凤仙花果实成熟后会膨大,一旦被碰到,就会爆开,把里面的种子弹出去。现在种子变大了,完全就是炮弹啊!

啊，博士呢？

我在这里……

咻

保住了……

叔叔……

另外……

那儿！

！

转头

肥料桶！

嗒嗒嗒

这些机器都被藤蔓缠住了，不会坏了吧？

这个……启动试试才知道。

那就赶紧打开电源试试！

嘟嘟

……

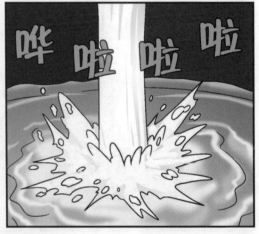

你刚才说的疑惑是什么？

解毒剂是有可能出现副作用的。

植物可能会继续长大，甚至发生变异……

你说什么？这不只是副作用吧！

什么声音？

轰隆隆

是雷声。看来又要下雨了。

再犹豫下去就没时间了！

制作《我的植物图鉴》

《植物图鉴》是指收录各种植物标本，介绍这些植物的形状、生态和分类等资讯的书籍。遇到不认识的植物，查找《植物图鉴》，可以很快了解这种植物。我们可以在回家的路上或者郊野，收集各种植物，制成标本，然后亲手制作一本《我的植物图鉴》哦！

采集

采集植物前，需要准备塑料袋、采摘剪、铲子等工具。发现采集目标时，先用铲子轻轻地把植物连根挖出来，抖掉上面的土，放进塑料袋里。然后在小册子上仔细地记录周边环境、准确的采集地点及采集时间等信息，如果将植物采集之前的样子用相机照下来保存就更好了。

有些植物的根延伸的面积会很大，所以植物的周围要挖得大一点才行。

每种植物标本采集一个即可，太小的植物、刚破土的嫩芽、面临灭绝危机的植物都不要采集。植物也是有生命的，在采集植物的时候，请抱着爱惜和慎重的心态。

干燥

将植物夹在报纸里，吸收植物的水分。这时不要让植物的叶、果实茎和根等相互缠绕或重叠，此外，为了能够观察到植物的背面，要将一两片叶子反过来放置。摆好后用重物压在报纸上，大约一周后植物能完全干燥。如果是水生植物或者梅雨季节采集的植物，就要每天多次更换报纸，以防植物腐烂或发霉。

植物一旦干燥就很难改变其形状，所以一开始要仔细地摆好形态哦。

制作标本

标本纸最好选用偏厚实的纸。用镊子夹起完全干燥的植物，利用胶水或胶带将植物牢牢地固定在标本纸上。并在标本旁详细记录植物名字、采集时间和地点。

4月5日，学校后山……

完成图鉴

《植物图鉴》完成！

将检索到的植物信息写在或贴在植物标本纸的一侧或背面。内容越详尽越好，比如生长环境、植物特征和分类，甚至花语等信息。将多张植物标本纸集结成册后，我们自己独有的《植物图鉴》就完成了。在保存《植物图鉴》时，要注意避免阳光直射，以及防止虫蛀和因湿气太重造成的变色。

用我们身边的植物做玩具

橡子陀螺 在橡子上钻洞，插上小木棍或小棒，再用彩色笔给橡子涂上漂亮的颜色。转动橡子时，它就会像陀螺一样旋转。

挑棍儿 收集二十几根小树枝堆成一堆。然后每人轮流挑出一根树枝。挑棍儿的时候，触碰到其他树枝就要立刻换下一个小朋友。最终谁手上拿到的树枝最多，谁就获得胜利。

呃……

植物印章 将土豆、胡萝卜、萝卜、南瓜切成合适的大小，在大的一头用雕刻刀刻上名字。因为印章印出来的字是左右相反的，所以在刻字的时候要反着刻哦。

第 9 章
逃脱险境

什么？怎么没有反应呢？！

一动不动……

哦?

大家看这个!

植物变小了!

真的吗?

看这个!

你说什么呢？蘑菇不是植物啊！

嗯？什么意思？

蘑菇不是植物吗？

蘑菇没有叶绿体，不能进行光合作用，它是一种寄生在其他植物身上吸收养分的菌类。

怎么可能？难道是我搞错了？

不知道的话就一边待着！

你们看！真的变小了啊！！

啾

呼

呼

呼

！

成功了！

三叶草变小了！

我说对了吧？！

呼噜噜

智伍，赶快把所有的解毒剂都倒进去！

好的！

小果，你来打开开关！

知道了！

嘟

安静

嗯？

叔叔，启动不了哎！

吧嗒

吧嗒

怎么可能？再试一试！

嗯？

滴答

滴答

又开始下雨了？

滴答答

滴答

干什么呢？在雨下大之前，赶紧修好机器！！

好……好的！

不知所措

摇晃摇晃

咻咻咻咻

植物长得更大了……

快看那边！藤蔓把水管缠住了！

缠得这么紧，怪不得水流不出来……

赶忙

小果，你再开下试试！

知道了！

咕噜 咕噜

咕噜 咕噜 咕噜

哇啦啦啦

哇！成功啦！

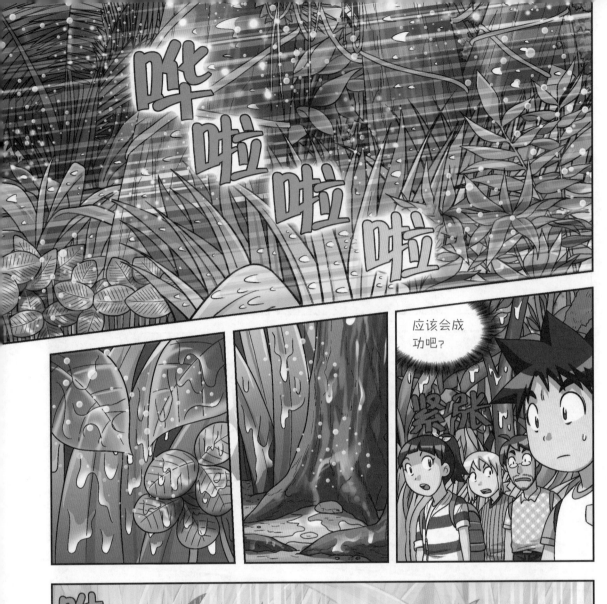

应该会成功吧?

成功了！植物在变小！

根也都缩回去了。

根？

怎么会有这么多坑呢？

刚才还在想会不会这样……

那是天坑。一般岩石熔化或洞窟坍塌就会形成天坑。

现在树根缩小了，地底下产生了空间，所以出现了坍塌的情况。

你不是说过，这里的树根长到了数十米深吗？

那也就是说有可能会产生数十米深的天坑啊？！

图书在版编目 (CIP) 数据

植物世界历险记 . 2 / 韩国甜蜜工厂文 ;（韩）韩贤东图 ; 魏凯琦译 . —— 南昌 : 二十一世纪出版社集团，2021.1（2023.7 重印）

（我的第一本科学漫画书 . 探险百科系列）

ISBN 978-7-5568-5201-7

Ⅰ . ①植… Ⅱ . ①韩… ②韩… ③魏… Ⅲ . ①植物—少儿读物 Ⅳ . ① Q94-49

中国版本图书馆 CIP 数据核字 (2020) 第 190547 号

我的第一本科学漫画书

探险百科系列 · 植物世界历险记② [韩]甜蜜工厂/文 [韩]韩贤东/图 魏凯琦/译

ZHIWU SHIJIE LIXIANJI②

出 版 人	刘凯军
责任编辑	李 树
美术编辑	陈思达
出版发行	二十一世纪出版社集团
	（江西省南昌市子安路 75 号 330025）
	www.21cccc.com cc21@163.net
承 印	江西宏达彩印有限公司
开 本	787 mm × 1092 mm 1/16
印 张	10.75
版 次	2021 年 1 月第 1 版
印 次	2023 年 7 月第 3 次印刷
印 数	15001~20000 册
书 号	ISBN 978-7-5568-5201-7
定 价	35.00 元

赣版权登字 –04-2019-101 版权所有 · 侵权必究

（凡购本社图书，如有缺页、倒页、脱页，由发行公司负责退换。服务热线：0791-86512056）